D^r^ DEMOULINS DE RIOLS

CONSEILLER GÉNÉRAL DES LANDES

# L'INDUSTRIE AGRICOLE

PREMIÈRE SÉRIE

LES SYNDICATS ET LES COMICES
LE CRÉDIT AGRICOLE. — LES SOCIÉTÉS D'AGRICULTURE
LES INSTITUTIONS DE L'ÉTAT RELATIVES
A L'AGRICULTURE

PARIS
IMPRIMERIE D. DUMOULIN ET C^ie^,
5, RUE DES GRANDS-AUGUSTINS, 5
1888

# L'INDUSTRIE AGRICOLE

Dr DEMOULINS DE RIOLS

CONSEILLER GÉNÉRAL DES LANDES

# L'INDUSTRIE AGRICOLE

PREMIÈRE SÉRIE

LES SYNDICATS ET LES COMICES

LE CRÉDIT AGRICOLE. — LES SOCIÉTÉS D'AGRICULTURE

LES INSTITUTIONS DE L'ÉTAT RELATIVES

A L'AGRICULTURE

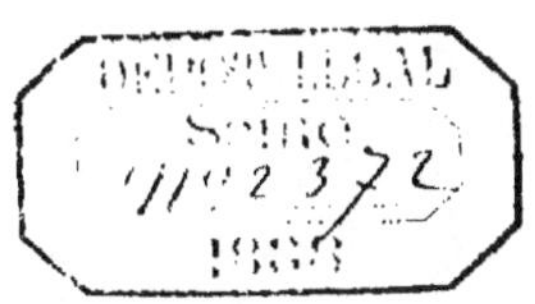

PARIS

IMPRIMERIE D. DUMOULIN ET Cie,

5, RUE DES GRANDS-AUGUSTINS, 5

1888

# AVANT-PROPOS

En présence des crises qui, de toute part, viennent nous assaillir, crises agricoles, industrielles, commerciales et, par ricochet, financières;

En face du flot montant des produits du Nouveau-Monde, qui menace de submerger l'ancien continent, chacun de nous doit chercher à étudier et à propager dans la mesure de ses forces les moyens de défendre le patrimoine commun si sérieusement compromis.

Au point de vue des intérêts agricoles, les seuls dont j'ai l'intention de m'occuper, le danger est encore plus pressant que pour les autres branches de notre richesse publique, parce que la masse des agriculteurs n'est pas apte à se défendre elle-même.

Or, ce ne sont, par ailleurs, ni les lois de protection, ni la loi sur le crédit agricole, ni aucune autre mesure gouvernementale qui pourront sauver l'agriculture aux abois.

Les lois de protection, à moins de devenir prohibitives, ne seront jamais qu'un palliatif dont le plus clair profit sera pour le Trésor.

La loi ayant pour objet de faciliter le crédit agricole restera lettre morte tant que la situation actuelle ne sera pas modifiée, et les autres mesures, telles que dégrèvements d'impôts, abaissement des tarifs de transports, etc., — que nous ne sommes pas près de voir voter, — n'apporteront jamais qu'un adoucissement à des souffrances auxquelles il faut un remède radical.

C'est donc ailleurs que nous devons chercher, et pour moi,

le seul moyen efficace, — j'espère le démontrer, — c'est d'*industrialiser* le plus possible la production agricole.

J'emploie à dessein ce néologisme, parce qu'il rend parfaitement ma pensée et qu'il fait le pendant du mot *commercialisation* qu'on a voulu introduire dans le projet relatif au crédit agricole et sur lequel on a longuement discuté.

J'y reviendrai lorsque je traiterai cette question du crédit; mais je puis dire dès à présent qu'avant de *commercialiser*, il faut créer la matière commerciale, les besoins commerciaux, *industrialiser* par conséquent.

Et je suis étonné que dans cette longue discussion au Sénat, ce premier mot n'ait pas amené le second dans la bouche d'un orateur, et que personne n'ait constaté en outre que, dans tous les pays où fonctionne avec succès le crédit agricole, l'industrie agricole est également prospère, c'est-à-dire que l'une n'est que le corollaire de l'autre.

L'éminent rapporteur, M. Émile Labiche, qui possède à un si haut degré toutes les questions agricoles, ne l'ignorait pas cependant, car, dans son voyage en Italie avec M. Léon Say, il a vu fonctionner de près cette admirable institution des banques populaires, qui a fait en 1886 un milliard d'affaires !

Mais il a craint peut-être de retarder encore, et sans profit d'ailleurs, l'adoption de son projet, si fortement combattu déjà, et combattu précisément parce que, dans l'état actuel, on ne voit pas clairement son utilité.

J'ai nommé l'Italie, où le crédit agricole rend de grands services; mais en Italie, et plus spécialement dans la haute Italie, nous trouvons :

Une culture intensive très développée et très variée, une véritable culture industrielle, et cela dans les petites propriétés, très nombreuses comme chez nous, aussi bien que dans les plus importantes ;

Un grand commerce de grains et de graines, de bestiaux, d'œufs et de volailles; ce dernier est même poussé si loin, qu'un industriel de Milan, M. Cirrio[1], a pu expédier en Angleterre, dans une seule année, pour dix millions de volailles et d'œufs.

Nous remarquons, en outre, la fabrication des fromages, qui est très importante, l'élevage des vers à soie et des abeilles, la culture industrielle des légumes et des fruits, etc.

Il y a donc là matière à transactions fréquentes et de nombreux aliments pour les opérations de crédit.

Et c'est à cet ensemble d'industries agricoles variées, c'est à leur développement qu'une partie de l'Italie doit sa richesse.

Et cette richesse, on en craint pour nous le contre-coup, on a peur de voir nos marchés envahis par les produits italiens ; c'est ce qui explique les difficultés du renouvellement de notre traité de commerce, en suspens depuis plus d'un an.

Ne sommes-nous donc point placés en France, et tout particulièrement dans les Landes, — car c'est notre département que j'ai surtout en vue, — ne sommes-nous point placés aussi avantageusement pour industrialiser notre production agricole?

N'avons-nous pas une grande variété de terrains parfaitement aptes aux diverses cultures, un meilleur climat que dans la haute Italie, des débouchés aussi étendus?

Les sables de la Grande-Lande eux-mêmes, rebelles aux céréales, sont merveilleusement appropriés à la culture de la vigne, comme le prétendait le docteur Guyot, l'éminent viticulteur; comme l'ont prouvé les essais, fort étendus déjà, de M. Boucau, du domaine de Solférino, et d'autres propriétaires soucieux du relèvement de leur pays.

Quant à la Chalosse, le Tursan, les pays d'Orthe, de Gosse et de Seignaux, beaucoup de terres d'alluvion se prêtent parfaitement à la culture intensive des céréales et des fourrages, les terrains crétacés à celle de la vigne.

1. Léon Say, *Dix jours dans la haute Italie.*

Nous arriverons peu à peu, comme ailleurs, à doubler nos rendements, et j'indiquerai par quels moyens. Quant à la vigne, il faut soigner celle qui reste, la reconstituer avec de l'engrais, et se hâter de replanter ; pour les vins blancs, nos meilleurs cépages indigènes, qui peuvent rivaliser avec tous les seconds crus de France ; pour les vins rouges, soit des cépages plus fins que les nôtres, soit un mélange moins sujet à pointer.

Et nous verrons notre richesse vinicole revenir, d'autant mieux que les débouchés seront aujourd'hui plus étendus.

Ce sont les influences climatériques qui ont tué nos vignes, disent les pessimistes, et elles sont bien mortes. . . . . . . .

Mais le temps peut changer ; déjà l'année dernière a été bonne et celle-ci s'annonce bien.

Ces influences, d'ailleurs, auraient-elles été aussi funestes si, gâtés par les années d'abondance où nous n'avions que la peine de récolter, nous ne nous étions promptement découragés, arrachant nos vignes à bout de sève, ou ne les travaillant plus, au lieu de les soigner et de leur donner de l'engrais dont elles ont besoin comme toutes les autres plantes ?

Les rares cultivateurs qui ne les ont pas abandonnées complètement ont toujours fait un peu de vin, et, chez eux aujourd'hui, la vigne est vigoureuse et pleine de promesses.

Avec la vigne, nous avions encore les pêchers qui faisaient la fortune de la Chalosse : ils ont subi le même sort, mais ils pourraient renaître avec elle. Seulement, au lieu de planter de jeunes sujets, il faut semer des noyaux, — le kilo de noyaux vaut 1 fr. 25. — C'est moins coûteux, ce n'est guère plus long, et, en greffant sur place, on a des arbres infiniment plus vigoureux.

J'ai connu jadis un métayer de Montfort qui vendait, année moyenne, pour douze à quinze cents francs de pêches ; elles vaudraient le double aujourd'hui. Partout alors on était organisé pour ce genre d'exploitation et on s'y remettrait.

Mais n'y a-t-il pas d'autres fruits et certains légumes qui pourraient entrer encore dans une exploitation rurale?

Le raisin de table, dont on pourrait avoir facilement quelques treilles ou espaliers, se vend très bien et peut s'expédier au loin. Les prunes, les poires, les noix, les noisettes, les châtaignes, sont dans le même cas, et il y a tant de places perdues où ces fruits viendraient à merveille!

Parmi les légumes, nous pourrions faire l'asperge dans les terrains secs, légers et bien exposés au midi, de façon à en avoir une certaine quantité de bottes en seconde primeur. Plus tard, le prix s'abaisse trop.

L'ail, l'oignon, l'échalotte, donnent également un excellent revenu si on les met en vente quand la saison s'avance, et nos terres sablonneuses conviennent parfaitement à ces légumes.

En dehors de ces diverses cultures industrielles, nous avons encore d'autres ressources agricoles.

Et d'abord, l'élevage des chevaux et des bêtes à cornes, si florissant il y a quelques années à peine.

La crise que nous subissons à cet égard peut n'être que passagère. Pour nos petits chevaux de barthes et de landes cependant, la vente en sera désormais limitée, le grand débouché que nous avions autrefois dans les mines n'existant plus. Mais, dans les contrées qui s'y prêtent, on peut faire le cheval fin et le cheval de guerre, dont le prix est toujours rémunérateur pour l'éleveur qui connaît son affaire; mais il est indispensable pour réussir de phosphater nos prairies.

Sur les bords du Gave, une transformation s'est accomplie dans cet élevage depuis quelques années, et on pourra voir aux prochaines épreuves de trot des pouliches de trois ans, qui auront lieu sur l'hippodrome de Peyrehorade et Bidache, pour les arrondissements de Dax, Bayonne et Orthez, un grand nombre de magnifiques spécimens de cette race en quelque sorte nouvelle.

Pour les bêtes à cornes dont l'élevage est forcé puisqu'elles sont indispensables à nos travaux, la baisse de ces dernières années nous a fait subir de grosses pertes ; mais avec le prix initial actuel, il n'y a plus de grands dangers à courir. Il existe, en outre, de nouvelles méthodes d'engraissement qui sont déjà à l'essai dans les cantons de Pouillon et de Peyrehorade, et qui donneront peut-être de bons résultats.

Mais il est un élevage auquel nous devons particulièrement donner tous nos soins : c'est celui des animaux de basse-cour.

Il se fait déjà sur une assez grande échelle, comme on peut s'en convaincre en parcourant nos marchés, et nous y excellons puisqu'au dernier Concours agricole de Paris, en février 1888, ce sont des éleveurs d'Aire qui ont remporté le prix d'honneur pour les porcs, et divers autres premiers prix pour les porcs, les oies grasses et les canards.

C'est d'ailleurs cet élevage, et j'y comprends la volaille et les œufs, qui, depuis quelques années, est presque, pour beaucoup de métayers et de petits fermiers, l'unique source de revenus qui leur permette de se procurer l'argent nécessaire à leurs besoins domestiques.

Mais nous pouvons produire plus encore, et chercher de nouveaux débouchés.

J'ai cité l'exemple de l'Italie, mais nous sommes bien mieux placés pour expédier en Angleterre. Nous n'avons pas, comme les Italiens, à traverser le Saint-Gothard, la Suisse, l'Allemagne, la Belgique et à charger nos navires à Anvers !

Nous avons en outre, comme volaille, une bien meilleure race indigène, bonne couveuse, bonne pondeuse, et l'une des plus savoureuses du monde. Et on peut ajouter, qu'avec le libre parcours possible chez nous la plus grande partie de l'année, le prix de revient est peu élevé, sans compter que la transformation du grain en chair et en graisse est bien plus productive chez les animaux de basse-cour que chez les ruminants, et que nous utiliserions ainsi nos maïs bien mieux qu'en les vendant huit à dix francs; sans compter encore que la volaille est un des plus utiles auxiliaires du cultivateur pour la destruction, dans les champs, des insectes, vers, larves, limaces, etc., si nuisibles à l'agriculture.

Voilà d'après moi, sommairement exposés, les vrais moyens de relèvement de notre production agricole; et ils ont cela d'avantageux que nous n'avons pas besoin, pour les mettre en œuvre, de l'intervention du gouvernement.

Les initiatives et les efforts individuels, surtout sous forme de collectivités, sont en ces matières, d'ailleurs, bien supérieurs au point de vue de la défense personnelle. C'est la décentralisation, ce sont ces initiatives et ces efforts qui seuls peuvent introduire dans notre système social des idées réformatrices pratiques, et créer une œuvre durable, quoique sujette à transformation sous l'influence des circonstances nouvelles qui peuvent se produire.

Il pourra, en effet, arriver un moment où il y aura pour quelques-unes de ces industries excès de production; mais les premiers qui atteindront le but auront devant eux de nombreuses années de prospérité; ils deviendront plus aptes à soutenir la lutte et sauront se retourner mieux que d'autres, si, l'équilibre étant définitivement rompu, la lutte devient, sur quelques chefs, impossible à continuer.

Je viens de tracer, en grandes lignes, une sorte de programme de nos ressources utilisables; je me propose maintenant de les étudier en détail et de rechercher les moyens de les mettre en œuvre. Je ne me bornerai pas, d'ailleurs, à exposer simplement des idées; j'en poursuivrai pratiquement la démonstration, et j'en faciliterai, en outre, de tout mon pouvoir la réalisation à tous ceux qui voudront bien en tenter l'essai.

Les syndicats, les comices, le crédit agricole, les sociétés d'agriculture et les institutions agricoles de l'État feront l'objet de cette première étude.

Je traiterai plus spécialement certaines industries agricoles, lorsque je les aurai étudiées dans les pays où elles sont le plus florissantes, lorsque j'en connaîtrai complètement l'organisation et le fonctionnement.

---

# L'INDUSTRIE AGRICOLE

## I

## LES SYNDICATS AGRICOLES

On sait généralement aujourd'hui ce que sont les syndicats agricoles :

Une association entre cultivateurs, qui a pour but :

D'étudier et de propager les meilleurs procédés de culture dans les diverses terres d'une région, et de faire en commun toutes les opérations qui sont jugées utiles dans l'intérêt de tous et de chacun.

Les syndicats qui, par leur organisation et leur fonctionnement, sont à la hauteur de leur tâche, deviennent donc forcément les plus puissants facteurs de la production agricole, et les défenseurs les plus autorisés des intérêts de l'agriculture et des agriculteurs.

Beaucoup de gens, cependant, n'envisagent encore les syndicats que comme un moyen d'obtenir à meilleur compte des engrais de bonne qualité.

C'est un point de vue qui a sa valeur, comme nous le verrons; mais l'idée qui doit dominer, celle qui doit attirer le plus notre attention, c'est la vulgarisation de la science agricole dans ce qu'elle a de plus pratique ; et, par science agricole, je n'entends pas seulement les procédés de culture, mais tout ce qui est relatif à la production par l'agriculteur, aux industries agricoles en un mot.

Entre gens qui se connaissent et qu'un lien commun réunit, les résultats obtenus par les uns sont bien vite appréciés par les autres, et il se fait un mutuel échange d'idées profitables. La direction qui rayonne sur tous les points ne tarde pas à produire des effets sérieux, et il arrive un moment, quand la confiance a pu prendre racine, où cette direction peut agir comme le plus puissant des leviers, et opérer des transformations qu'on aurait cru volontiers impossibles.

Il faut avoir vu certains syndicats, et connaître leur point de départ, pour se rendre compte du chemin parcouru en quelques années à peine. Modification des méthodes, rendement supérieur, introduction prudente d'abord et définitive aujourd'hui de cultures nouvelles, industries agricoles prospères, utilisation de tout ce qui peut être utilisé, et comme conséquence le retour à l'aisance, qui constitue toute l'ambition du cultivateur, voilà ce qu'on peut observer aujourd'hui dans bon nombre de départements.

Au point de vue matériel immédiat, les économies réalisées frappent davantage, comme je le disais tout à l'heure, et elles sont loin d'être à dédaigner en effet, surtout pour le cultivateur qui possède au plus haut degré le sentiment de la valeur des choses. Aussi est-ce un des points les plus importants à faire ressortir auprès de lui, lorsqu'on a pu l'amener à ce moment psychologique où il consent à acheter des engrais.

Un grand fabricant de Paris me montrait récemment la lettre de commande d'un syndicat de l'Est pour les engrais de printemps. — Douze cent mille kilos, soit cent vingt wagons complets et cent vingt mille francs environ. — Et nous calculions ensemble qu'à comparer les prix avec ceux des dernières années, ou même avec ceux d'aujourd'hui, si on n'achetait que quelques sacs seulement à des revendeurs, il y avait plus de trente mille francs d'économies réalisées sur cette seule commande.

Mais sans quitter le département des Landes, la commande d'engrais de printemps du syndicat de Peyrehorade, plus modeste, — car il s'agit d'une association récente et simplement cantonale, — s'élève à *cent cinquante mille kilos*, dont cent mille en superphosphates. — Or, rien qu'avec ces derniers, il y a, sur les prix payés l'année dernière, un bénéfice de *cinq mille six cent vingt francs*.

Et le calcul est facile à faire. A pareille époque en 1887, peu de temps avant la création du syndicat, nous avons tous payé le superphosphate douze francs les cent kilos. — Et on l'appelait l'*engrais bon marché*, par opposition avec les phospho-guanos vendus trente francs.

Cette année, nous avons mis, pour nos fournitures de printemps, six fabricants en présence, et nous avons obtenu 0 fr. 58 pour l'unité d'acide phosphorique, soit 6 fr. 38 les phosphates du même titre que les précédents.

Mais que de services peuvent encore rendre les syndicats! Sans revenir sur la question d'éducation et de direction agricoles qui est la plus importante, il y a les achats de semences, d'instruments ou machines agricoles, et même de tous les produits naturels ou fabriqués ayant une certaine importance.

Pour les semences, ce n'est pas une question de bénéfices immédiats, car on vend partout des semences à tout prix ; mais que l'on paye cher parfois ces semences qui n'ont qu'une valeur culturale de 25 à 30 p. 100, et qui contiennent souvent des graines parasites ou ne peut plus nuisibles!

A Peyrehorade, toutes nos semences sont absolument pures et de la valeur culturale la plus élevée ; pas un sac n'est livré sans avoir été analysé à la station d'essais de Paris.

En dehors des achats, certains syndicats s'occupent également de la vente des produits, et ils obtiennent ainsi un écoulement plus facile ou plus profitable. Pour certains articles d'industrie agricole, ce mode de procéder peut avoir des avantages considérables, et il peut en avoir aussi quelquefois pour les produits de grande culture. — C'est ainsi que le syndicat de l'Indre a obtenu les fournitures de blé à faire à l'armée dans le département ; celui de Segonzac est en instance pour les fournitures de paille et de foin.

Ce n'est pas tout encore : le syndicat de Poligny, dans le Jura, a créé une Société de crédit mutuel où le cultivateur trouve l'argent qui lui est nécessaire pour certaines opérations, et où il dépose ses économies.

Mais je dois ajouter, à l'appui de la thèse que j'ai déjà soutenue, qu'il se fait dans ce pays un commerce considérable de fromages de Gruyère qui, avec le lait nécessaire à la fabrication, donne lieu à de nombreuses transactions.

D'autres, comme celui de Peyrehorade, consacrent leurs reliquats disponibles à des encouragements donnés à la culture et à l'élève du bétail.

Et c'est là certainement le meilleur mode de création des comices, comme je le montrerai.

Les syndicats agricoles répondent donc à l'ensemble des besoins de l'agriculteur, et ils donnent encore plus qu'ils ne paraissent promettre, lorsqu'il sont intelligemment dirigés et qu'ils s'appuient sur un certain nombre de collaborateurs actifs et dévoués.

Leur importance étant acquise, la conclusion s'impose : il faut s'efforcer de les multiplier le plus possible ; mais ce n'est pas chose facile, on ne doit point se le dissimuler.

Le cultivateur est naturellement routinier, peu crédule en matière d'innovation agricole, peu accessible au raisonnement ou aux exemples qu'on lui cite et qu'il ne voit pas.

Il y a également celui qui aurait eu de la bonne volonté, mais qui, ayant été odieusement trompé sur le prix ou la qualité des engrais, induit en erreur sur les doses et l'application, n'a éprouvé que des pertes, et devient plus difficile encore à convaincre.

Aujourd'hui, les syndicats ont fait baisser les prétentions exorbitantes des fabricants, réprimé la fraude, dirigé l'application ; mais dans bien des localités, les tentatives de création sont néanmoins fort difficiles, et elles ont souvent échoué, notamment dans notre département. Il existe cependant un ensemble de moyens qui, avec quelques bonnes volontés individuelles réunies dans une action commune, me paraît devoir obtenir un succès à peu près certain.

Le point de départ doit, naturellement, être l'emploi des engrais chimiques.

Il faut démontrer leur action par l'exemple, l'exemple éclatant, irrécusable, l'exemple qui frappe l'esprit et l'imagination du cultivateur. Et, en face de l'exemple, il faut pouvoir lui dire : « J'ai dépensé tant, voyez le résultat ; croyez vous qu'il n'est pas bien supérieur à la dépense ? »

Et cet exemple, il faut le multiplier, le produire dans chaque commune, et surtout au bord des routes avoisinant les marchés fréquentés.

En un mot, c'est le champ de démonstration dû à l'initiative individuelle.

Il y a certainement, dans chaque canton, un nombre suffisant d'hommes intelligents et dévoués qui se chargeront de produire à leurs frais ces exemples indispensables, sachant d'ailleurs très bien, en ce qui les concerne, que les quelques francs dépensés ne seront pas perdus pour eux.

Et j'ai dit quelques francs à dessein, car ces exemples n'ont pas besoin de grandes surfaces, pourvu qu'il y ait à côté, une parcelle témoin qui fasse ressortir la différence.

Que dans chaque canton les membres du comice, s'il en existe, ou des mèmbres autorisés de la Société landaise d'encouragement se groupent entre amis de bonne volonté ; qu'ils s'entendent sur la marche à suivre, les essais à faire, qu'ils se mettent à l'œuvre, et le plus grand pas sera fait. — Il ne restera plus pour chacun qu'à faire connaître le plus possible les résultats obtenus, à faire de la propagande, à trouver des imitateurs qui ne reculeront pas devant une faible dépense pour se rendre compte par eux-mêmes.

Et ainsi les exemples se multiplieront, les demandes d'engrais prendront une certaine importance, parce qu'on commencera à comprendre qu'ils produisent véritablement un résultat supérieur à la dépense, et le canton sera mûr désormais pour la création d'un syndicat.

J'ai choisi le canton comme le terrain le plus favorable à ces tentatives de création, parce que les moyens d'action y sont plus efficaces s'adressant à un nombre restreint de gens que l'on connaît et qui se connaissent plus ou moins. La propagande y sera aussi bien plus productive et plus rapide.

Dans un pays morcelé comme le nôtre d'ailleurs, où les cultures sont très variables, où les gens ne connaissent que ce qui se fait autour d'eux, le fonctionnement d'un syndicat cantonal sera toujours plus facile et les résultats bien meilleurs.

Je dirai plus : pour obtenir tout ce qu'on est en droit d'attendre d'un syndicat, pour que l'action ait l'unité et la vigueur nécessaires au but à atteindre, une concentration cantonale puissante est absolument indispensable.

Cela fait, d'ailleurs, on peut établir l'union entre divers syndicats, et en tirer tous les profits que peut donner la puissance de cette organisation supplémentaire.

Mais ces exemples dont j'ai parlé, comment les choisir?

Je ne suis pas embarrassé pour en indiquer quelques-uns. Mais il en est plusieurs pour lesquels il faudrait connaître la nature des terres, et faire en outre un véritable cours d'agriculture, ce qui serait hors de cadre.

L'exemple qui produira le résultat le plus apparent à l'œil et qui coûtera le meilleur marché, c'est celui que nous fourniront les trèfles et les luzernes.

Par parcelles de 10 ares, répandez, au mois de février ou de mars, 70 kilos d'engrais ainsi composé :

| | |
|---|---|
| Superposphate à 12 p. 100 | 30 kilos. |
| Chlorure de potassium | 10 — |
| Plâtre commun | 30 — |
| | 70 kilos. |

et du prix total de 4 fr. 90 cent., soit 49 francs pour un hectare.

Gardez comme témoins une ou plusieurs parcelles qui ne recevront rien; comparez le résultat, et faites-le comparer au point de vue de la vigueur, de la hauteur et du nombre de coupes.

Cet exemple offre cela d'avantageux qu'il réussira partout, quelle que soit la nature de la terre.

Il en sera à peu près de même si l'on met des engrais sur une vigne épuisée. On ne se doute généralement pas du rapide et éclatant résultat qu'on obtient. Dès la première année, la végétation est tellement vigoureuse, bois, feuilles et grappes, que les rangs laissés comme témoins en sont écrasés.

Mais il est bien entendu qu'on ne devra pas négliger de sulfater trois fois, aux environs du 1er juin, du 15 juillet et du 15 août, pour éviter les ravages du mildew, qui détruit en grande partie les bons effets de l'engrais.

Le syndicat de Peyrehorade a fait venir cet automne un wagon d'engrais spécial pour la vigne, au prix de 12 fr. 60 c., franco à Peyrehorade. Cet engrais, qui peut servir de type, comprend :

| | | |
|---|---|---|
| Azote organique et ammoniacal. . . . | 2 à 3 | p. 100 |
| Acide phosphorique soluble. . . . . | 6 à 7 | — |
| Potasse assimilable . . . . . . . . . | 12 à 14 | — |

On peut se servir d'un engrais semblable, mais il est important de l'employer le plus tôt possible après la fin d'octobre, et il faut, en outre, savoir l'employer.

Autrefois, on étendait l'engrais autour des pieds de vigne préalablement déchaussés. C'est une mauvaise méthode. Il survient au collet un nombre considérable de radicelles qui sont absolument détruites par les façons, et les autres racines en tirent peu de profit.

Dans les pays à cépages fins plantés à 1 mètre en tous sens, on l'étend à la volée sur toute la surface.

Mais chez nous ce serait trop coûteux, et on peut arriver au même résultat de la façon suivante : Entre les rangs de vigne, bien au milieu, on ouvre un sillon profond en donnant un coup de charrue à gauche et un autre à droite; on sème l'engrais dans ce sillon, où vont le prendre comme des suçoirs toutes les extrémités des racines. On recouvre par deux autres coups de charrue, et, dès le printemps, on procède aux façons ordinaires.

La dose d'engrais doit être d'une livre par pied, en ayant soin de ne pas oublier qu'à part les rangs extrêmes, où l'on devra revenir, tous les autres recevront l'engrais de deux côtés. Si la vigne est jeune, on ouvre deux sillons à soixante centimètres des rangs.

En somme, c'est une dépense de treize francs par deux cents pieds, mais on n'a pas besoin d'y revenir tous les ans. Et c'est au viticulteur à se rendre compte, par la suite, des besoins de sa vigne et de la récolte obtenue et à obtenir.

C'est d'ailleurs la vigne — maladies et gelées à part — qui, par la culture intensive, rapporte le plus : quarante à cinquante hectolitres à l'hectare peuvent être facilement obtenus.

Et, dans nos contrées, il n'est que temps d'agir sur les vignes encore debout, si on ne veut les voir disparaître entièrement.

Mais, actuellement, il ne s'agit que d'un essai qui peut se borner à deux cents pieds, si l'on veut. On dépensera treize francs, mais on sera émerveillé.

Un exemple par le blé serait également excellent; mais je me garderai bien de donner ici des indications précises, parce que les résultats sont subordonnés à trop de conditions diverses :

La nature physique et chimique du sol, au double point de vue de la culture et du choix de l'engrais, au moins en tant que nature d'azote ;

La profondeur et les caractères du sous-sol, la main-d'œuvre, le mode de semis, le choix de la semence, les façons consécutives, etc.

Mais qu'on étudie son sujet et qu'on fasse un petit essai ; — si on réussit, on en parlera et on recommencera l'année suivante sur une plus grande échelle ; — si on ne réussit pas, on recherchera quelles sont les conditions qui ont fait défaut.

Notre département, en effet, qui est au bas de l'échelle comme production de blé, renferme cependant une très grande quantité de terres d'alluvions qui possèdent tout ce qu'il faut pour obtenir les plus grands rendements, trente à trente-cinq et même quarante hectolitres à l'hectare, avec un supplément d'engrais d'une valeur de cent à cent cinquante francs.

Dans le canton de Peyrehorade, ces rendements ont été obtenus.

Mais la question est tellement importante, qu'il vaut la peine qu'on s'y arrête un instant.

Quelle que soit la récolte de blé, douze à quinze sacs, comme chez nous, au maximum, vingt-cinq ou trente-cinq, comme dans bien des pays, il y a une certaine somme de dépenses qui ne varie pas.

Le loyer de la terre, les impôts, la main-d'œuvre, la semence, etc. Mettons que ce soit trois cents francs. Avec une récolte de quinze sacs, l'hectolitre reviendra à vingt francs, et s'il se vend précisément ce prix-là, on rentrera exactement dans son argent. Le métayer, au partage par cinquième, aura cent quatre-vingts francs pour sa semence et son travail, le propriétaire, cent vingt francs pour ses impôts et son revenu.

Pour simplifier, je n'ai pas compté la récolte et le battage comme frais, ni la paille comme rendement, les proportions restant sensiblement les mêmes pour une récolte plus élevée.

Si, au contraire, avec cent cinquante francs de frais supplémentaires, ce qui fait quatre cent cinquante francs de dépenses, on obtient trente sacs, l'hectolitre ne reviendra plus qu'à quinze francs, et on retirera six cents francs, ce qui constituera cent cinquante francs de plus-value nette sur le premier cas.

Mais peut-on compter sur cette augmentation proportionnelle par l'emploi complémentaire des engrais?

Oui, et même sur beaucoup plus si la terre est convenable et si la culture est faite dans les conditions voulues.

Il est, en effet, démontré que les exigences d'un hectolitre de blé, grain et paille, est d'environ six francs en azote, potasse, acide phosphorique, etc.

Cent cinquante francs d'engrais exactement appropriés doivent donc produire vingt-cinq sacs de récolte supplémentaire, et je n'en ai compté que quinze, pour faire la part des terres, des malfaçons, du mauvais temps, etc.

Dans un grand nombre de départements, ce résultat est aujourd'hui atteint, alors qu'autrefois on n'obtenait pas plus de quinze à vingt hectolitres.

Je citerai, entre autres, la ferme expérimentale de Goderville, dans la Seine-Inférieure, où la moyenne des récoltes de quatre années a été de quarante hectolitres avec une fumure de deux cent cinquante-cinq francs par hectare (vingt mètres cubes de fumier, estimés cent vingt francs, et cent trente-cinq francs d'engrais), ce qui donne bien six francs comme prix de revient de l'hectolitre.

On a même obtenu bien plus que cela par la culture intensive. Dans la contrée qui s'étend entre Cologne et Brandebourg, le rendement a atteint soixante-six hectolitres avec le blé Scheriff Square Headed et une fumure de quarante mille kilos de bon fumier, plus cinq cents kilos de superphosphates d'os à 20 pour 100, le tout estimé trois cent soixante francs.

Je ne donne ces exemples qu'à titre de curiosité ; mais les rendements de vingt-cinq à trente-cinq hectolitres sont très courants, et ce sont ceux que nous pouvons espérer atteindre par l'éducation agricole.

Et il suffit qu'il y ait quelque part un cultivateur qui y parvienne, pour que son expérience et ses conseils profitent aux voisins.

Lorsque M. Grandeau, l'éminent agronome, prit les champs d'expériences de Tomblaine, où le sol est de très médiocre qualité sous le rapport de la teneur en principes fertilisants, on récoltait dans le pays environ treize à quatorze hectolitres de blé à l'hectare. M. Grandeau atteignit vingt-sept à trente, et depuis on récolte partout vingt-cinq.

Quant au maïs, qui est notre grande culture, je ne conseillerai pas de le prendre comme l'un des premiers exemples, non pas que le résultat doive être mauvais, mais il n'est pas assez apparent.

L'engrais qu'on y emploie sert, en outre, pour une bonne partie, aux récoltes qui suivent immédiatement, telles que le farouch, le navet ou le froment.

Mais, plus expérimentés, les cultivateurs n'hésiteraient pas à se servir également d'engrais pour cette culture. Dans le canton de Peyrehorade, on use à cet effet, presque partout, de phosphates divers ou de phospho-guano.

Le terrain étant ainsi préparé, un appel un peu vibrant, une réunion au chef-lieu de canton le jour du marché, une conférence à la portée des auditeurs, des paroles qui s'adressent bien directement à leurs intérêts, et les adhérents surgiront de toute part.

Si le syndicat de Peyrehorade a si bien réussi, — puisqu'il compte plus de mille adhérents, c'est-à-dire la presque totalité des cultivateurs du canton, — c'est qu le terrain était arrivé précisément à ce degré de préparation, qui peut s'obtenir avec un peu de bonne volonté au début chez quelques-uns seulement.

Et ce que j'ai dit de l'extension par l'exemple est tellement vrai, que l'action du syndicat de Peyrehorade s'étend aujourd'hui aux communes limitrophes des cantons voisins, et qu'à chaque instant des cultivateurs étrangers nous demandent d'en faire partie.

Qu'on ne vienne donc pas nous dire que la réussite est impossible. — Il n'y a qu'à vouloir, et à procéder comme je viens de l'indiquer.

Et quand il y aura trois ou quatre syndicats dans la partie agricole du département, on en verra successivement surgir partout.

Et on possèdera alors ce puissant levier dont j'ai parlé, et on pourra favoriser l'éclosion d'une foule d'industries agricoles qui, jointes à une culture plus rationelle, à un rendement plus considérable, amèneront l'aisance dans le pays et même la richesse chez les plus intelligents et les plus laborieux.

J'ai la plus grande confiance, d'ailleurs, dans l'avenir agricole de notre département, parce que je constate, depuis un certain temps, qu'il se produit des symptômes on ne peut plus encourageants.

De divers côtés, j'entends parler d'expériences conduites avec soin et intelligence; les journaux insèrent souvent d'excellents articles agricoles; le *Républicain landais* notamment, où M. Léon Martres poursuit une campagne qui produira des fruits.

Tout récemment, aussi, vient de paraître une brochure [1] où MM. Aignan et Dubalen, de Mont-de-Marsan, traitent, avec une haute compétence scientifique et pratique, certaines questions agricoles d'une grande importance surtout pour notre région. Ils nous promettent, en outre, de résumer les expériences déjà tentées dans le département sur la culture du froment, du maïs, du seigle et de la vigne, en nous donnant la nature du sol soumis à l'expérience, la composition des engrais, le mode de culture, le rendement.

Ce sera une œuvre des plus utiles, un excellent mode de propagande, et nous devons remercier ces hommes intelligents et dévoués des nombreux essais auxquels ils se sont livrés eux-mêmes, et du soin qu'ils apporteront à nous les faire connaître.

1. Aignan et Dubalen, *Agriculture moderne*. Difficultés et causes d'insuccès.

## II

## LES COMICES AGRICOLES

L'institution des comices est de date déjà ancienne. Ce sont des Sociétés d'encouragement à l'agriculture, ayant pour but d'organiser des concours, de récompenser par des primes et des médailles les cultivateurs les plus méritants, les exploitations les mieux tenues, les bestiaux les plus remarquables et les mieux soignés.

Parmi les comices, les uns sont une émanation des Sociétés d'agriculture; les autres, tout en s'y rattachant d'une façon plus ou moins directe, ont leur autonomie propre.

La création d'un comice est infiniment plus facile que celle d'un syndicat; aussi en existe-t-il, et notamment dans les Landes, un assez grand nombre.

Il suffit que des personnes dévouées aux intérêts agricoles se groupent, se cotisent, fassent des statuts, les soumettent à l'approbation préfectorale, obtiennent une subvention, et le comice peut fonctionner.

Aujourd'hui, c'est le complément le plus utile des syndicats agricoles. Mais, isolés, livrés à leurs seules ressources, l'action en est limitée, parce qu'elle n'a pas assez de points d'appui, parce qu'elle n'est pas permanente et qu'elle n'a pas d'autorité suffisante.

Il existe en outre, dans le mode actuel d'organisation, un vice originel : la subvention peut manquer ou être très diminuée.

Qu'on vienne à créer un comice dans chacun de nos cantons; la somme totale à distribuer devenant beaucoup trop forte pour les ressources dont on dispose, — ou il faut supprimer toutes les subventions, ou les réduire à un chiffre dérisoire, ou donner aux uns et pas aux autres!

Le principe de la *mutualité*, si fécond en toutes choses, produit une organisation bien autrement puissante.

Avec un faible concours donné par tous, on arrive à marcher, modestement peut-être, mais au moins avec ses seules ressources; et on a la satisfaction de ne rien devoir à personne.

C'est ce principe qui a été appliqué par le syndicat de Peyrehorade dans la création de son comice.

Cependant, la cotisation est bien faible, 1 fr. par an ; les métayers dont les propriétaires font partie du syndicat ne payent pas et il n'y a point de mise d'entrée.

Mais il existe un article des statuts qui permet à la chambre syndicale de majorer le prix de chaque sac d'engrais d'une très faible somme en rapport avec la valeur intrinsèque : 10, 20, 25, centimes par sac de 100 kilos, ce qui n'est rien, étant données surtout les bonnes affaires que font les adhérents.

Et on arrive ainsi, à la fin de l'année, à un chiffre suffisamment élevé, et qu'on peut d'ailleurs faire varier dans une certaine mesure.

Cette façon de procéder consacre, en outre, un principe de justice démocratique très important, en ce sens que ce sont les cultivateurs qui consomment le plus d'engrais, les plus riches, par conséquent, qui concourent plus que les autres à l'alimentation de la caisse commune.

On voit par cet exemple un des excellents fruits que peut donner un syndicat bien organisé. — C'est une raison de plus à ajouter à toutes les autres pour en propager l'établissement, car partout où se créera un syndicat sérieux, un comice pourra suivre, et on aura du même coup le bénéfice des deux institutions.

---

III

## LE CRÉDIT AGRICOLE

La question du crédit agricole est une des plus graves — au moins en apparence — parmi les questions économiques de notre temps ; et elle est, en tous cas, fort complexe.

L'agriculture, avec sa production annuelle de dix à douze milliards — dix-huit si l'on compte les animaux, — est, en effet, la grande source de notre richesse nationale. Or, l'agriculture souffre énormément, c'est incontestable ; de nombreuses transformations de natures diverses sont à opérer, pour lesquelles de grands capitaux semblent nécessaires, et l'agriculteur non propriétaire n'a pas de crédit.

D'autre part, beaucoup, parmi les propriétaires, sont déjà fortement obérés, et on est généralement convaincu que les dettes contractées pour l'amélioration des propriétés ne peuvent conduire à autre chose qu'à la ruine.

Dans ces conditions, quel crédit peut avoir le simple cultivateur, et, s'il lui était facile d'emprunter, ne serait-ce pas également pour lui la ruine à courte échéance ?

Cependant, en Allemagne, en Angleterre, en Italie, en Belgique, en Roumanie, le Crédit agricole existe, il rend des services qui se traduisent par une augmentation de la prospérité, et il ne fait pas de mauvaises affaires ; en Italie même, il en fait de bonnes.

Ces contradictions s'expliquent, quand on sait que dans ces pays existent, à des degrés divers, un certain nombre d'industries agricoles de nature très variée.

Ce sont principalement ces industries qui alimentent le Crédit et le font vivre, et lorsqu'un cultivateur y a recours pour autre chose, il sait d'avance que telle de ses industries lui fournira les fonds à l'échéance.

En France, on a fait, en 1862, un essai qui n'a pas réussi.

Le Crédit mobilier agricole, organisé par décret du 16 février, s'est heurté à la difficulté et à la multiplicité des opérations, à la faible importance de beaucoup d'entre elles, au peu de sécurité que lui offraient les prêts plus élevés, au chiffre des frais généraux, et, en fin de compte, à l'insuffisance des bénéfices.

Grâce à l'élasticité de ses statuts, il n'a pas tardé à se lancer dans des opérations étrangères, et il a abouti à une déconfiture de 45 millions.

Aurait-il réussi en ne s'occupant que de prêts agricoles et en ayant plus de patience? Je ne le crois pas.

L'organisation agricole, en France, ne se prêtait pas et ne se prête pas encore aujourd'hui au bon fonctionnement d'une institution semblable.

Les opérations, d'ailleurs, était trop disséminées, trop complexes pour une affaire aussi centralisée ; et si des conditions plus favorables permettent un jour au crédit agricole de s'implanter en France, la décentralisation devra en être le point de départ absolu, sauf à centraliser ensuite si l'on y trouve des avantages.

Le 20 juillet 1882, le gouvernement a présenté au Sénat un nouveau projet de crédit agricole. La commission nommée pour l'étudier a déposé son rapport le 31 juillet 1883. — Il a été discuté les 29 et 30 novembre de la même année, et renvoyé pour nouvelle enquête.

Le 6 décembre 1887, un nouveau rapport a été déposé au Sénat, et, le gouvernement s'étant mis définitivement d'accord avec la commission, nous avons vu la discussion s'ouvrir le 31 janvier 1888 et se poursuivre en février et mars.

A considérer les lenteurs apportées à cette discussion, on peut en conclure déjà que de bien grosses difficultés ont dû être rencontrées, et on en acquiert la certitude en lisant les longs et nombreux discours qui ont été prononcés au Sénat à ce sujet, en voyant les amendements proposés et, finalement, la façon dont le projet primitif a été tronqué.

Et, cependant, il ne s'agissait que d'un projet, bien modeste de loi ayant simplement pour objet de *faciliter* le crédit agricole.

On a dit, dans cette longue discussion, beaucoup d'excellentes choses pour et contre, et néanmoins il ne s'en dégage pas une idée bien nette de la situation.

Tout d'abord, sans modifier la législation actuelle, le propriétaire et le grand fermier trouvent facilement — jusqu'à la limite de leurs ressources — le crédit dont ils ont besoin. C'est affaire à eux de s'en servir utilement et prudemment.

C'est le petit cultivateur, fermier ou colon, qui doit être surtout visé dans un projet, quel qu'il soit.

Et, pour étudier la question sous son vrai jour, il est indispensable de rappeler quelques principes généraux qui régissent tout crédit, et qui, étant applicables à tous les cas, devront nous servir de guide.

Laissant de côté les emprunts d'État, de villes ou de grandes Compagnies, qui sont régis par des lois économiques spéciales, je ne m'occuperai que du crédit des particuliers.

Pour que le crédit produise des effets utiles, il est indispensable que l'emprunt trouve quelque part, à un moment déterminé, une contre-partie.

Prenons quelques exemples :

Une personne emprunte, sans espoir de rentrées équivalentes, pour subvenir à des dépenses courantes.....

C'est une mauvaise opération de crédit, une opération qui entraîne fatalement à la ruine tous ceux qui s'y livrent; il ne faut la signaler que pour l'exclure.

Un industriel emprunte pour faire construire ou agrandir une usine; un négociant, pour acheter un fonds de commerce; et ils ne peuvent compter sur la rentrée d'aucun capital.....

Ce n'est une bonne opération que dans le cas où les bénéfices nets, c'est-à-dire défalcation de toutes dépenses, pourront couvrir, à époque fixe, la somme empruntée. L'échéance devra être, en outre, calculée sur cette époque, et sera sans doute à long terme.

Un industriel achète à crédit des matières premières pour les manufacturer; un négociant, des marchandises pour les vendre.....

L'un et l'autre seront rentrés dans leurs fonds quand il faudra payer, ou, du moins, — étant donnée généralement une première mise, — il s'établit un roulement qui aboutit à l'équilibre. Voilà le crédit commercial, le vrai crédit, le crédit utile, celui qui, soumis seulement à la bonne ou mauvaise fortune des événements, enrichit le plus souvent ceux qui peuvent le pratiquer.

Or, examinons maintenant les circonstances où le cultivateur peut avoir besoin de recourir au crédit, étant donné qu'il n'a aucun capital en réserve :

Pour améliorer sa propriété par des défrichés, des plantations, des apports de marne, des achats de machines agricoles de prix, des constructions annexes.

Le crédit sera utile si les revenus de la propriété permettent de l'éteindre d'une façon assurée dans un temps donné. Sinon, ce sera une mauvaise opération, et la facilité du crédit ne changera rien au résultat. Ce sera d'ailleurs presque forcément, s'il s'agit d'une somme un peu importante, un crédit à long terme, et l'emprunteur ne trouvera de l'argent que s'il offre une large surface.

Autre cas : le cultivateur a besoin de bétail pour ses travaux. C'est encore un crédit à long terme, mais dont la représentation existe. Aussi trouve-t-on généralement sans difficulté les animaux dont on a besoin; et si les conditions n'étaient parfois un peu onéreuses, ce serait une excellente opération, et, en somme, elle est bonne, puisque sans elle le colon ne pourrait être que simple ouvrier.

Mais, en raison de la durée, y aura-t-il une institution de crédit qui pourra consentir à immobiliser ainsi ses capitaux, à moins d'une organisation propre à ce but ?

Le cultivateur a besoin d'acheter des engrais à crédit.

Ici, le crédit prend une certaine tournure commerciale ; il se rapproche du troisième exemple.

L'engrais, en effet, rentrera à un moment donné sous forme de récoltes ; cette rentrée peut seulement être un peu tardive.

Avec les syndicats, on a trois mois pour payer, — si cela ne suffit pas, l'emprunt peut encore procurer trois mois et même six mois, avec un renouvellement convenu à l'avance, ce qui fait neuf mois.

Les délais sont suffisants, l'opération est bonne.

Mais où le crédit devient véritablement commercial, c'est dans les cas suivants :

Si un cultivateur veut acheter un troupeau, du bétail, des poulains, pour utiliser un excédent de verdure ou autres produits d'alimentation, et les revendre avec bénéfice quelques mois après;

S'il fait habituellement de la culture industrielle en produits agricoles divers qu'il serait trop long d'énumérer et qui varient d'ailleurs selon les contrées;

S'il cultive, pour les vendre, des légumes et des fruits; s'il s'occupe de l'élevage de ferme ou de basse-cour, de laiterie, d'élevage des abeilles, etc., etc., toutes choses qui se font en grand dans certains pays et pourraient aussi se faire dans le nôtre.

Dans toutes ces circonstances, le cultivateur peut avoir des besoins d'argent à courte échéance, et, comme pour le négociant, il s'établit un roulement.

Il lui serait souvent utile de pouvoir emprunter également lorsque, pressé de vendre ses récoltes, il est obligé de les porter au marché dans des moments où la trop grande abondance produit une baisse momentanée.

Maintenant que nous connaissons les divers cas où le cultivateur peut faire au crédit un appel utile, nous devons nous demander si, dans les conditions actuelles, le projet de loi favorisera la création de banques agricoles, et s'il fournira aux cultivateurs un crédit effectif.

Ce projet semble bien donner au cultivateur une petite surface qu'il n'avait pas, mais elle est si éloignée, si aléatoire, que le crédit la considérera comme nulle.

Quant à la *commercialisation* des effets, qui a été repoussée, elle existe en fait dès que l'opération est effectuée en banque, et elle n'aurait certainement rien ajouté à la facilité du crédit.

Ce que je regrette, c'est la suppression, dans le dernier projet, du nantissement sur place.

En avril 1887, j'avais émis au Conseil général un vœu ayant pour objet de permettre le nantissement sans déplacement du gage. — J'ignorais que ce vœu avait été réalisé dans le premier projet soumis au Sénat en novembre 1883 et qu'on l'avait rejeté.

Pour ce motif, on n'a pas osé l'inscrire de nouveau dans le dernier projet.

Or, je trouve que c'était le seul moyen de créer, pour le petit cultivateur, un crédit réel.

Quoi qu'en ait dit M. Buffet au Sénat, il y a deux sortes de crédit : — Le crédit personnel, qui n'a d'autre garantie que la valeur morale et économique de l'emprunteur, et le crédit réel ; foncier, dans la question qui nous occupe, avec la garantie de la terre, mobilier avec la garantie de l'outillage, des bestiaux, des denrées et de tous les autres objets possédés par l'agriculteur.

Avec le nantissement sur place, le cultivateur se trouvait posséder un crédit réel qui, joint au crédit personnel que pouvait lui donner son honnêteté, ses habitudes d'ordre et de travail, constituait pour lui une facilité d'emprunt bien supérieure à celle que lui donneraient tous les articles du projet réunis.

L'objection que c'était là une loi d'exception me paraît sans valeur sérieuse.

Quand on a créé la loi de 1863 sur les warrants, on avait en vue le grand commerce, de grosses sommes, des opérations aléatoires, et les emprunteurs pouvaient souvent être sujets à caution.

Mais ici, il s'agit de gens à domicile fixe, qui ne font pas de spéculations et qui, certainement, ne détourneraient pas le gage, le détournement devant entraîner, d'ailleurs des peines graves. Il s'agit de gens dignes d'un intérêt particulier; et puisqu'on veut faire pour eux une loi spéciale, la faveur était pleinement justifiée.

Cette facilité donnée à l'emprunteur existe déjà d'ailleurs en France pour les banques coloniales. Elle existe dans la loi belge de 1884 et dans la loi italienne de 1887.

Aussi, j'espère que la Chambre, mieux éclairée, et non encore engagée comme le Sénat par un vote précédent, fera entrer de nouveau dans le projet de loi un article dans ce sens.

On a beau dire, comme M. Léon Say par exemple, que le crédit sur gage est l'enfance du crédit, que le crédit personnel est le seul vrai, tous les détenteurs d'argent vous répondront qu'au point de vue pratique, la moindre surface apparente vaut mieux que les meilleurs certificats d'honnêteté.

Alors même que la garantie serait presque illusoire pour le prêteur en tant que réalisation, elle a toujours pour l'emprunteur une valeur sérieuse; il y tient, et la peur de perdre le peu qu'il a sera pour beaucoup dans l'exécution de ses engagements.

On fait bien en Italie quelques prêts personnels, des prêts d'honneur, mais ils ne dépassent pas cinquante francs, et il faut qu'ils aient pour objet une affaire; s'il ne s'agit que d'un *besoin*, on renvoie l'emprunteur à une institution de bienfaisance.

Quoi qu'il en soit, pour que le crédit puisse sérieusement s'établir, il est absolument nécessaire que nous nous placions dans les conditions où se trouvent déjà, à des degrés divers, les pays dans lesquels fonctionnent avec succès les banques agricoles; j'ai dit suffisamment quelles sont ces conditions, pour n'avoir pas besoin d'y revenir.

Et il ne faut pas croire que, ces conditions réalisées, il soit extrêmement difficile de créer et de faire fonctionner une banque agricole.

Seulement, c'est l'initiative privée, et une initiative philanthropique, qui seule parviendra à résoudre le problème. Toute banque agricole fondée dans un but de spéculation, ou pressurera les agriculteurs, ou fera de mauvaises affaires.

C'est d'ailleurs sous un couvert privé et philanthropique que se sont fondées, à partir de 1862, les admirables banques populaires d'Italie dont j'ai déjà parlé.

Issues, dès le début, de Sociétés de secours mutuels qui faisaient de petits prêts à leurs membres, les assuraient contre le chômage involontaire, leur constituaient même une petite retraite ; créées peu à peu et successivement sur divers points, avec un capital de quelques milliers de francs, puis reliées entre elles, elles aboutissent presque toutes, aujourd'hui, à un établissement central, la Banque populaire de Milan, fondée, elle aussi, en 1865, avec un modeste capital de vingt-sept mille francs, par M. Luzzati.

C'est cet éminent député, économiste et philanthrope italien, dont le nom vivra à jamais dans le souvenir de ses compatriotes, qui a été depuis, en grande partie, l'âme de ces institutions de bienfaisance presque autant que de crédit, qui sont à la fois banques d'escompte, banques de dépôt, caisses d'épargne, et dont les directeurs et les administrateurs ne reçoivent aucun émolument.

En France on réussirait certainement en s'y prenant de la façon suivante :

Dans un canton, car j'estime que le canton devra être le point de départ, ou, tout au moins former une autonomie, qu'un certain nombre de propriétaires dévoués à la cause commune se réunissent ; qu'ils fassent entre eux, sous forme d'actions, une souscription de vingt mille francs, par exemple, dont le cinquième ou le dixième seul sera versé. — Soit quatre mille francs ou deux mille, qui serviront de fonds de roulement.

La Banque de France, en présence du but et devant l'honorabilité des souscripteurs qui restent solidairement garants des opérations, n'hésitera pas à fournir à l'association un crédit égal à la souscription.

Le cultivateur qui sollicite un prêt s'adresse à l'agent trésorier au chef-lieu du canton en indiquant la somme et le motif de l'emprunt ; celui-ci en réfère au président ou à un administrateur, qui prend des renseignements.

Si le prêt est consenti, avec ou sans caution, l'emprunteur souscrit un billet à trois mois à l'ordre du Crédit, et touche immédiatement son argent.

Le billet est endossé par le trésorier et par un administrateur délégué, et on le passe à la Banque, qui l'escompte à son taux ordinaire, soit 3 ou 4 p. 100. — L'emprunteur paye 5 ou 6 p. 100, selon le taux de la Banque, sans commission. — Différence, 2 p. 100, qui servent à payer les quelques frais de bureaux divers et les appointements du trésorier, seul agent salarié.

A la fin de l'année la différence nette qui résulte des différences d'escompte accumulées est partagée entre les souscripteurs comme rémunération du petit capital versé et de la responsabilité encourue.

Au delà d'un chiffre convenu, le surplus est gardé comme fonds de réserve.

Les effets sont souscrits à trois mois, à cause de la Banque ; mais, d'accord avec elle et avec l'emprunteur, on peut faire un renouvellement et même deux, de façon à faciliter à l'emprunteur les moyens de se libérer.

Je passe sur les détails, sur les statuts qui doivent régir l'association ; mais on voit, par ses grandes lignes, quelle simplicité existe dans la création de cette petite Banque de crédit agricole et dans ses procédés.

Le capital est peu important, mais il pourrait l'être encore moins, car on ne prête que de faibles sommes, et c'est là un début qui peut être modifié par la suite selon les circonstances et l'expérience acquise.

Quant aux risques courus par les souscripteurs, ils sont, au fond, presque nuls, parce qu'on est parfaitement à même dans chaque canton, de savoir exactement à qui l'on a affaire, et à quelle nature d'opérations plus ou moins aléatoires s'adresse le crédit demandé.

---

## IV

## LES SOCIETÉS D'AGRICULTURE

Il existe en France plusieurs Sociétés d'agriculture, locales ou générales, séparées ou affiliées. Mais leur but est sensiblement le même; aussi ne m'occuperai-je que de la Société landaise d'encouragement, qui est celle dont je fais partie.

Cette Société, qui a été créée le 28 octobre 1880, se propose, comme la Société nationale d'encouragement, à laquelle elle se rattache :

1° D'encourager l'agriculture, et principalement la moyenne et la petite culture;

2° De favoriser le développement de l'enseignement agricole;

3° D'entrer en communication avec les différents comices et Sociétés agricoles du département et de se faire l'interprète de leurs vœux et le défenseur de leurs intérêts.

Malheureusement, les résultats, comme dans toutes les Sociétés analogues, sont encore loin de répondre aux vœux de ses fondateurs; beaucoup moins, il est vrai, par le manque de zèle et de dévouement des personnes qui la dirigent que par la faute des circonstances.

La Société, néanmoins, a créé une pépinière de vignes américaines qui possède aujourd'hui une grande valeur, et qui a déjà rendu et pourra rendre surtout de grands services, lorsque son fonctionnement sera mieux défini et plus connu.

Elle préside en outre à l'organisation et au fonctionnement de la plupart des comices; elle se tient au courant des améliorations agricoles, et essaye de les faire connaître; enfin, elle publie chaque année un bulletin intéressant de ses travaux.

Mais elle exerce en somme peu d'action sur l'enseignement agricole, sur les réformes de culture, et finalement sur la prospérité du pays.

Elle a à lutter, en effet, contre l'indifférence du cultivateur et contre les idées de routine; elle manque en outre de cohésion, la direction reste isolée et sans soutien, et elle est trop éloignée pour que son influence puisse se faire sentir efficacement.

Si des syndicats existaient dans tous les cantons agricoles ou au moins dans la plupart, ce serait pour elle un pivot puissant sur lequel elle pourrait s'appuyer avec fruit, et, le but poursuivi étant le même, il en résulterait certainement les meilleurs effets.

Son principal rôle devrait donc être aujourd'hui de favoriser par tous les moyens en son pouvoir la création des syndicats.

Elle a le droit et le devoir de secouer de leur torpeur les initiatives un peu trop endormies, de provoquer chez ses membres influents, disséminés un peu partout, le désir de s'atteler à la besogne que j'ai indiquée comme nécessaire à la création ultérieure de ces associations fécondes, de les soutenir de son autorité, de les aider de ses conseils.

La Société, dit un article des statuts, exerce, en outre, son action par des congrès, des conférences, des publications.

Mais, en dehors des réunions provoquées par les distributions de récompenses des comices, réunions dont l'objet laisse peu de temps à la discussion des questions étrangères, les assemblées se tiennent habituellement au chef-lieu du département; or, on sait combien il est difficile d'attirer à Mont-de-Marsan, pour ceci comme pour toute autre chose, un nombre raisonnable de personnes.

On ne retire donc de ces réunions qu'un mince profit, et on serait tenté d'y renoncer, s'il n'y avait nécessité au moins pour le bureau.

Pour avoir des chances de réussir, des conférences devraient être organisées dans les chefs-lieux de canton ou autres villes possédant des marchés importants. — Les sociétaires, dont on réchaufferait d'ailleurs le zèle par tous les moyens, arriveraient à tenir à honneur de s'y rendre, et entraineraient avec eux des cultivateurs étrangers, qui profiteraient d'un enseignement dont la diffusion ne pourrait qu'être éminemment utile au progrès agricole.

Les conférenciers ne manqueraient pas, car nous avons presque partout, dans le département, des hommes très versés dans la science agricole pratique, et dont l'expérience locale se traduirait par des conseils et des exemples bien plus profitables que nombre de leçons théoriques, qui en certains milieux risquent de faire fausse route.

Ce serait un très utile complément aux leçons du professeur d'agriculture, et elles pourraient souvent, en outre, jeter une vive lumière sur certains détails d'industrie agricole très intéressants à connaitre.

La Société, qui actuellement se borne à l'impression et à l'envoi du rapport annuel du secrétaire général, devrait, en outre, consacrer une petite partie de ses ressources à éditer, lorsque l'occasion s'en présente, de courtes notices, qui seraient envoyées aux principaux agriculteurs de chaque commune, sur des adresses fournies par les sociétaires du canton.

C'est encore un bon moyen de diffusion, et nul doute que si on l'avait employé au premier moment où l'on sut ce qu'était le mildew, et où l'on en connut le remède, on aurait évité aux viticulteurs une bien grosse perte. Pendant trois ans, la vigne a eu le temps de s'épuiser, car c'est l'année dernière seulement que l'emploi du sulfate de cuivre s'est généralisé.

Non seulement on n'aurait pas arraché autant de vignobles, mais on aurait eu une petite récolte, et nous serions peut-être à la veille d'en avoir une passable, car le sulfate de cuivre ne suffit pas pour en avoir de belles; aujourd'hui, nous n'y arriverons qu'avec de l'engrais.

Le cas peut se représenter demain pour autre chose, ou bien ce sera la vulgarisation d'un procédé de culture, etc., etc.

C'est dans les conditions que je viens d'exposer que la mission de la Société landaise pourra devenir véritablement féconde, et elle atteindra ainsi le but que se sont proposé ses fondateurs.

V

## LES INSTITUTIONS DE L'ÉTAT RELATIVES A L'AGRICULTURE

Quoiqu'en matière agricole l'initiative individuelle, surtout l'initiative agissant en collectivité, soit le levier de progrès le plus puissant, l'intervention de l'Etat peut avoir, à divers points de vue, des résultats excellents.

Parmi les institutions agricoles créées par l'Etat, nous citerons :

Les Chambres consultatives d'agriculture départementales, qui ne rendent peut-être pas tous les services qu'on en pourrait attendre, mais qui pourraient en rendre un jour, lorsque l'activité agricole aura remplacé l'inertie actuelle ;

Le Conseil général de l'agriculture, qui donne de bons résultats, et qui pourra en donner encore de meilleurs ;

Les stations agronomiques régionales et la station d'essais de l'Institut agronomique de France, appelées, les unes à examiner les cultures, les terres, les engrais, etc. ; l'autre à contrôler les semences. Elles possèdent une organisation de premier ordre, et on peut en attendre d'excellents effets ;

Les chaires départementales d'agriculture, dont les titulaires ont de nombreuses attributions ;

Enseignement agricole aux élèves-instituteurs, qui le transmettront à leur tour aux enfants des campagnes ;

C'est là une excellente institution à laquelle on aurait dû songer depuis longtemps, et qui portera par la suite les meilleurs fruits ;

Conférences agricoles, qui mériteraient d'être plus suivies, et qui le seront un jour, quand les idées de réformes auront pénétré dans les masses ;

Direction des champs d'expériences et des champs de démonstration ; les premiers, véritables pépinières pratiques des nouvelles méthodes et des nouvelles cultures dans chaque contrée ; les seconds, exemples officiels offerts aux cultivateurs, des applications consacrées par l'expérience.

Ce sont ceux-ci qui mériteraient d'être répandus sur tous les points, par l'initiative privée comme par l'initiative officielle.

Ce n'est pas tout encore; le professeur d'agriculture exerce sur tout le territoire une surveillance attentive.

Il se rend compte des divers fléaux qui viennent si souvent s'abattre sur les produits de la terre, il enseigne à les connaître et à les combattre; il est, en outre, le conseiller naturel de tous les agriculteurs dans l'embarras, qu'il s'agisse d'un essai à tenter ou d'un insuccès éprouvé, et il devient aussi l'un des meilleurs auxiliaires des hommes de bonne volonté qui cherchent à faire sortir l'agriculture de la routine où elle est si profondément enlisée.

Les Sociétes d'agricultures et les institutions agricoles de l'Etat forment, on le voit, un ensemble qui peut venir puissamment en aide aux efforts de l'initiative individuelle.

Mais celle-ci, je ne saurais trop le répéter, reste absolument indispensable pour la mise en œuvre de toutes les forces agricoles dont nous disposons.

Vouloir c'est pouvoir, dit le proverbe, et nulle part son application n'aura été mieux établie qu'en matière agricole.

---

www.ingramcontent.com/pod-product-compliance
Lightning Source LLC
LaVergne TN
LVHW050502160826
845677LV00003B/884